U0073504

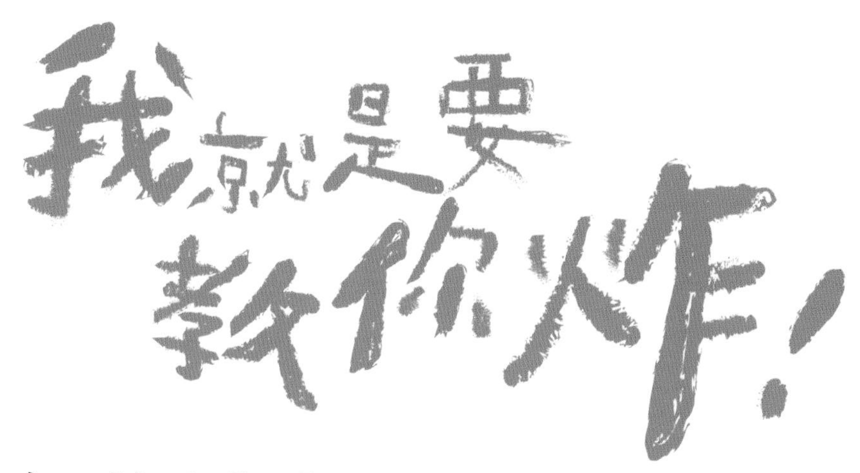

我就是要教你炸！

氣炸減油少脂 鹹酥雞攤料理

料理家 林勃攸　　攝影 璞真奕睿

瑞昇文化

美味肉類料理

營養海鮮料理

清爽蔬菜料理

幸福午茶甜點

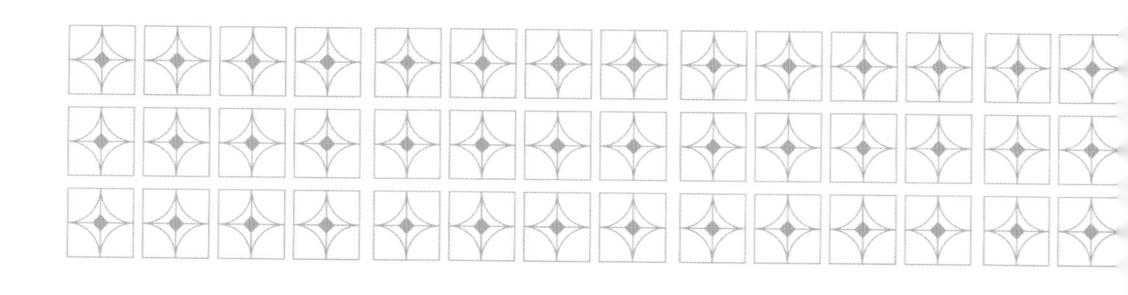

氣炸鍋
常用配件

配合食材特性使用各式配件，
可以達到事半功倍的效果。

不銹鋼防噴油蓋

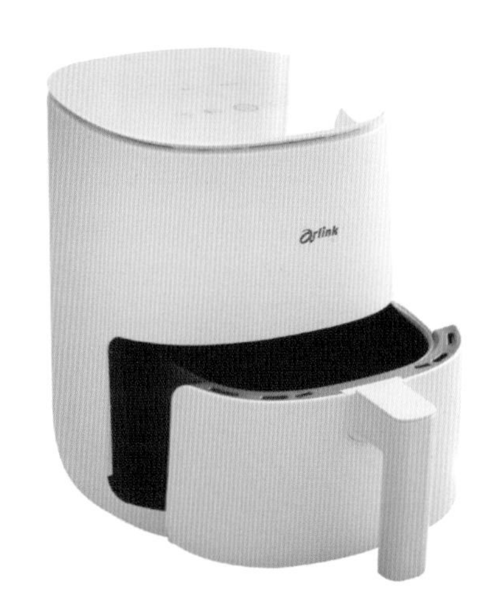

arlink 氣炸鍋
EB-2505

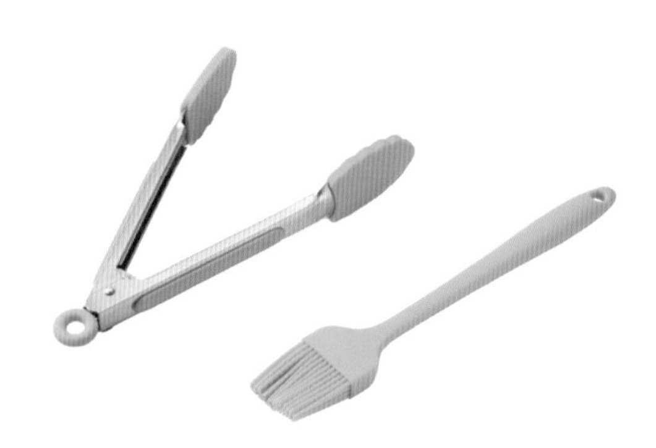

料理刷 & 料理夾

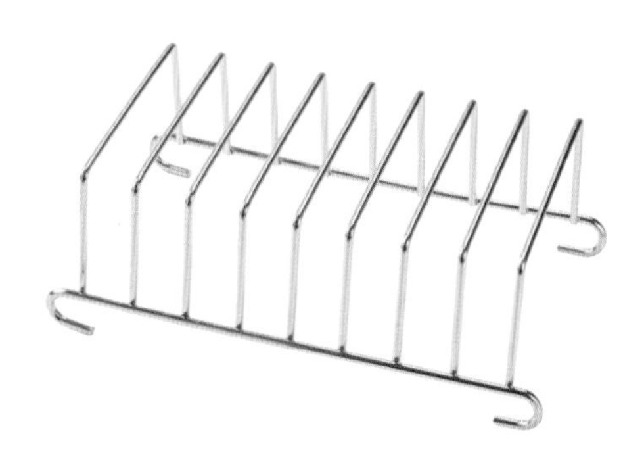

立式吐司架

氣壓式控油噴霧罐

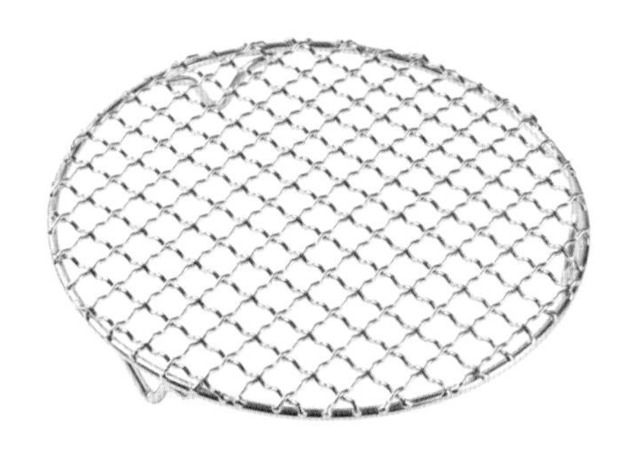

304 不銹鋼烤網

防噴油不銹鋼炸籃

6.5" 不沾塗層烘烤鍋

氣炸鍋專用煎魚盤

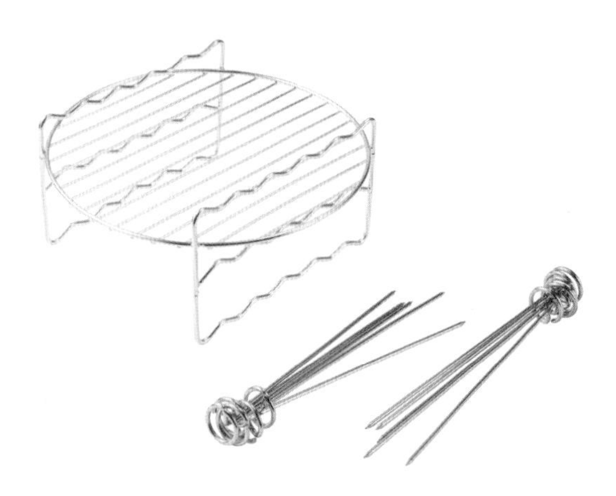

304 不銹鋼雙層串燒烤架

❶ 使用氣炸鍋前，請詳閱機器內附的說明書，並依規定使用與保養。

❷ 本書使用 arlink 廠牌 EB2505、EC-350 兩種型號的氣炸鍋，有關產品的使用與配件採購，請洽官網：https://www.arlink.com.tw/

氣炸鍋料理的特色

「只需要用少量的油就可以炸食物。」既可享受炸物的口感，油切率又可達80%，可說是美味與健康兼顧。

在家自己氣炸的話，有以下好處：

❶ 可選擇較好的油品（本書使用橄欖油），一次性氣炸，完全不回鍋。
❷ 可自己購買新鮮肉品及其他食材，營養又美味。
❸ 自己親自料理，保證烹調過程衛生無虞。

特調醬汁與醃料

巴莎米克蜂蜜醋、番茄莎莎醬、優格香料醬、蘿勒醬、五味醬、燒肉醬、梅鹽、檸檬鹽、肉桂糖。

勃攸老師精心研發，以優質的香料調出中式、西式、日式、南洋風等各色醬汁與醃料。炸物一經醃漬或沾醬，口味立即提升到五星級水準，完全滿足饕客的味蕾！

本書採用的市售香料為「小磨坊香料系列」。

美味肉類料理

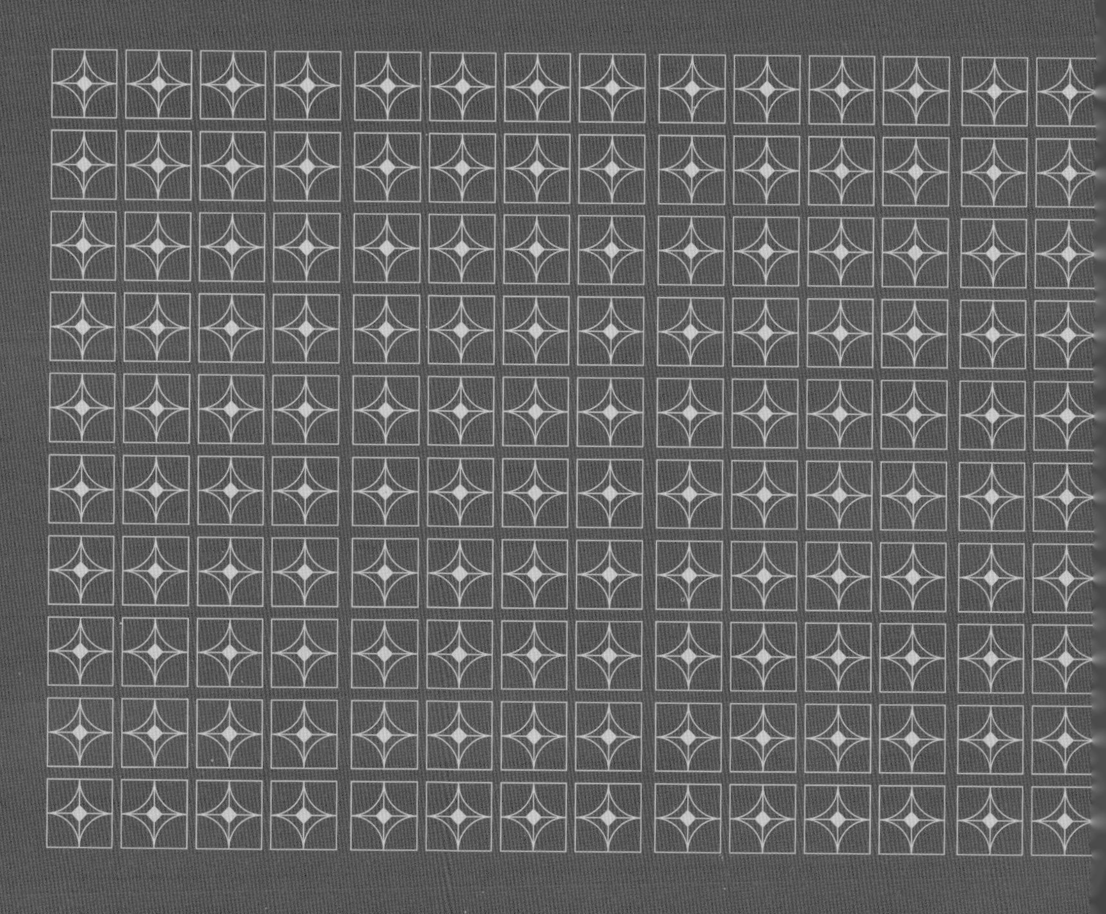

meat

TAIWAN
BEER

2人份 200°C 15min

招牌鹹酥雞

材料

雞胸肉（去皮）	250 公克
橄欖油	適量

炸粉

地瓜粉	150 公克
什錦香料碎	10 公克

醃料

醬油	20 毫升
巴莎米克醋	10 毫升
紅甜椒粉	5 公克
五香粉	2 公克
白胡椒粉	2.5 公克
蒜泥	5 公克
米酒	10 毫升
玉米粉	10 公克

作法

1 雞胸肉切小塊，醃料混合均勻備用。
2 炸粉材料拌勻備用。
3 將雞肉和醃料混合醃 30 分鐘。
4 取出 3.醃好的雞肉沾上炸粉，放置 5 分鐘。
5 將 4. 的雞肉放入氣炸鍋炸籃內，正反面噴塗適量橄欖油。
6 氣炸鍋設定 200°C，氣炸 15 分鐘即可。

示範影片

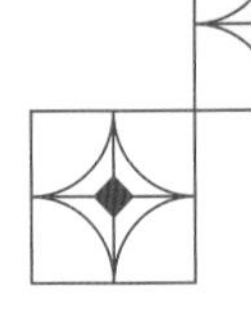

黃金乳酪雞

2人份 180°C 15min

材料

雞胸肉（去皮）	250公克
雞蛋	1顆
橄欖油	適量

炸粉

麵包粉	60公克
帕瑪森乳酪粉	30公克
荷蘭芹碎	15公克

沾醬

蛋黃醬	60公克
原味優格	60毫升
蒜泥	10公克

調味料

鹽	適量
研磨黑胡椒粉	適量

作法

1. 雞胸肉切塊狀，雞蛋打成蛋液備用。
2. 炸粉材料拌均勻。
3. 將沾醬材料與調味料（鹽、研磨黑胡椒粉）混合拌均勻。
4. 雞胸肉塊先沾蛋液，再沾炸粉，放入氣炸鍋籃內。
5. 在4.的雞胸肉塊噴塗適量橄欖油，設定180℃，氣炸15分鐘。
6. 起鍋後，沾醬食用即可。

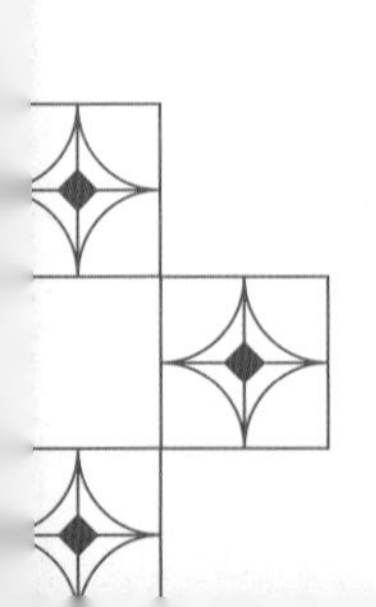

生
生

2人份 180°C 15min

煙燻紅椒雞皮

材料

雞皮	200 公克

醃料

米酒	15 毫升
煙燻紅椒粉	5 公克

調味料

鹽	適量
研磨黑胡椒粉	適量

作法

1 用刀刮去雞皮上的油脂。
2 醃料與雞皮拌均勻，醃 10 分鐘。
3 將醃過的雞皮放入氣炸鍋籃裡，設定 180℃，氣炸 15 分鐘。
4 起鍋後，撒鹽和研磨黑胡椒粉即可食用。

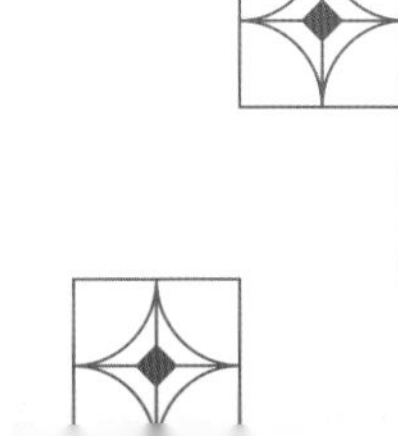
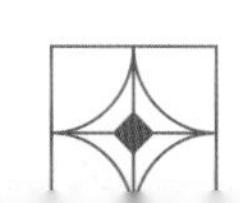

斑蘭炸雞

2人份 180°C 15min

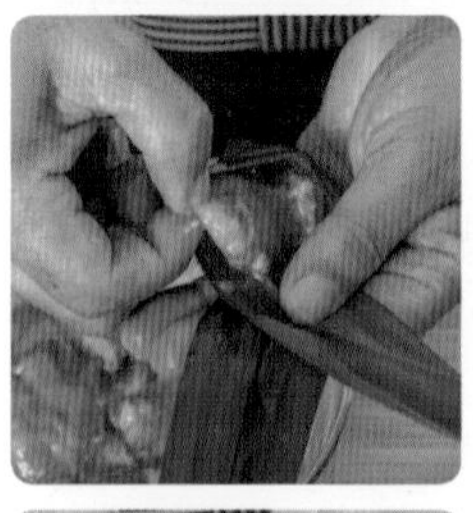

材料

雞胸肉（去皮） 250 公克
斑蘭葉（在南洋料理市場購得） 12 支
橄欖油 適量

醃料

椰奶 20 毫升
蠔油 15 毫升
醬油 15 毫升
香油 15 毫升
白胡椒粉 適量

沾醬

米醋 80 毫升
棕櫚糖 15 公克
紅辣椒碎 5 公克
綠辣椒碎 5 公克
鹽 適量

作法

1 雞胸肉切成丁，醃料混合均勻備用。
2 把雞胸肉丁放入醃料約 30 分鐘後，瀝乾。
3 將雞胸肉丁以斑蘭葉包起備用。
4 將沾醬料全部混合一起。
5 將包好的斑蘭雞放入氣炸鍋籃內，噴塗適量的橄欖油，設定 180℃，氣炸 15 分鐘。
6 起鍋後，沾醬食用即可。

2 人份　160/200°C　8/7 min

雞肉餅

材料

雞絞肉	160 公克
中卷	60 公克
檸檬葉	2 片
四季豆	45 公克
雞蛋	1 顆
橄欖油	適量

調味料

紅咖哩醬	20 公克
糖	5 公克
鹽	2 公克
蘇打粉	2 公克
太白粉	5 公克

沾醬

小黃瓜	60 公克
洋蔥	20 公克
糖	50 公克
米醋	50 毫升
鹽	2 公克
開飲水	30 毫升

作法

1. 中卷切碎，檸檬葉切碎，四季豆切粒和雞絞肉、雞蛋拌在一起。
2. 把 1. 和調味料攪拌至有黏性，接著以手沾水，將前述材料揉製成肉餅。
3. 小黃瓜去籽後與洋蔥一併切小丁，用鹽抓出水份，去掉水份後和糖、米醋、開飲水拌勻成沾醬。
4. 將做好的肉餅放入氣炸籃內，肉餅上下噴塗橄欖油，先設定 160℃，氣炸 8 分鐘，取出翻面，再以 200℃炸 7 分鐘。
5. 起鍋後，沾醬食用。

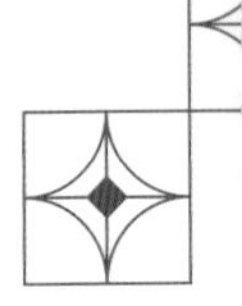

蜜汁燒雞翅

2~3 人份　180/200 °C　10/5 min

材料

雞翅	300 公克
橄欖油	適量

醃料

烤肉醬	30 公克
蠔油	15 公克
米酒	15 毫升
蜂蜜	5 毫升
檸檬汁	15 毫升

作法

1 雞翅洗乾淨，表面劃上數刀。
2 所有醃料攪拌均勻。
3 將 1. 的雞翅放入 2. 的醃料中浸漬約 1 小時。
4 醃好的雞翅放入氣炸籃，雞翅上下噴塗適量橄欖油，設定 180℃炸 10 分鐘。
5 取出翻面，以 200℃炸 5 分鐘即可。

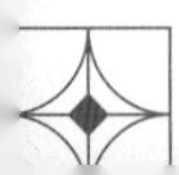

生

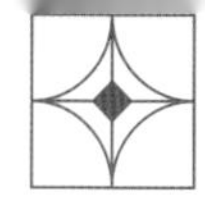

2~3人份 180/200°C 10/5 min 南洋風味七里香

材料

雞屁股	220 公克
橄欖油	適量

醃料

紅蔥頭	30 公克
蒜頭	5 公克
南薑	20 公克
香茅	2 支

調味料

黃薑粉	5 公克
黑胡椒粉	2 公克
糖	適量
鹽	適量

作法

1 將雞屁股尖端的腔上囊剪掉。
2 將醃料磨成泥。
3 將 2. 和調味料攪拌均勻。
4 將雞屁股與 3. 的材料醃 30 分鐘。
5 將醃好的雞屁股放入氣炸籃，雞屁股上下噴塗適量橄欖油，先以 180℃，炸 10 分鐘。取出翻面，再用 200℃炸 5 分鐘即可。

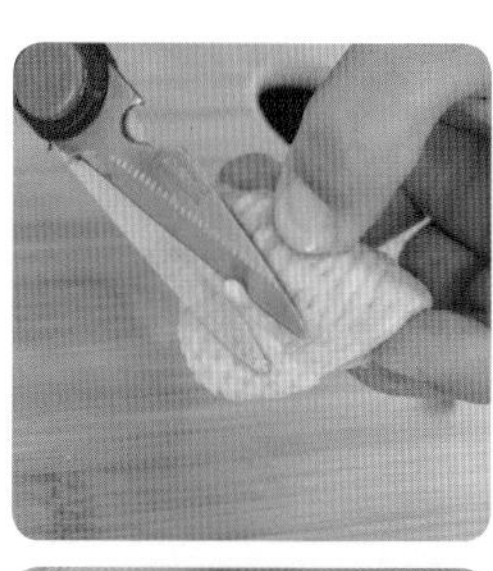

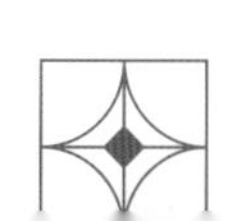
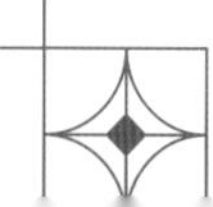

咖哩雞軟骨

2人份　180/200℃　10/5 min

材料

雞軟骨	200 公克
紅蔥頭	5 公克
薑	5 公克
雞蛋	1 顆
橄欖油	適量

醃料

檸檬汁	15 毫升
咖哩粉	15 公克
黃薑粉	10 公克
鹽	適量
白胡椒粉	適量

炸粉

玉米粉	60 公克
麵粉	45 公克
黃薑粉	10 公克

作法

1 將紅蔥頭、薑清洗後磨成泥，雞蛋打成蛋液。
2 將醃料混合，加進紅蔥頭薑泥，再將雞軟骨放入醃漬 30 分鐘。
3 炸粉材料混合均勻。
4 將蛋液加入 2.，再沾炸粉放置 5 分鐘。
5 將 4. 的雞軟骨放入氣炸鍋籃，噴塗橄欖油，先以 180℃炸 10 分鐘，
6 取出翻面，再用 200℃炸 5 分鐘即可。

2~3 人份 180/200 ℃ 12/5 min

泰式雞腿

材料

雞腿（去骨）	300 公克
橄欖油	適量

醃料

香茅	50 公克
南薑	50 公克
蒜頭	30 公克
香葉根	10 公克
朝天椒	5 公克
黑胡椒粒	5 公克

調味料

蠔油	15 毫升
淡醬油	30 毫升

作法

1 將香茅、南薑、蒜頭磨成泥，加入香葉根、朝天椒、黑胡椒粒一併搗勻。

2 把 1. 加進調味料混合，與雞腿醃漬 30 分鐘。

3 將醃漬過的雞腿放入氣炸鍋籃，噴塗橄欖油，先以 180℃炸 12 分鐘，取出翻面，再用 200℃炸 5 分鐘即可。

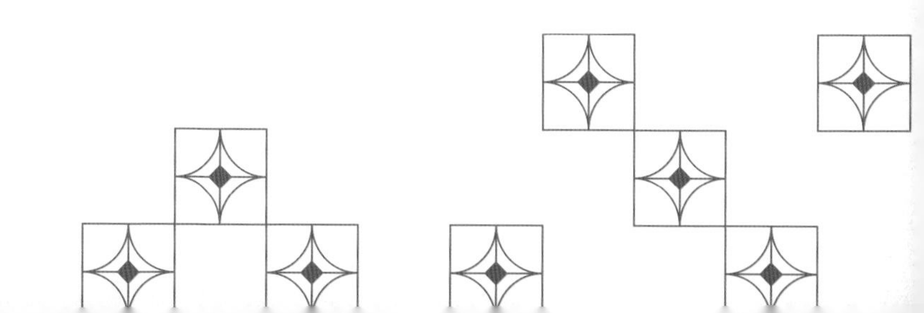

豆腐乳雞脖子

2 人份　180/200°C　10/5 min

材料

雞脖子（去皮）	300 公克
橄欖油	適量

醃料

豆腐乳	2 塊
蒜頭	10 公克
蠔油	30 毫升
米酒	15 毫升
糖	5 公克
白胡椒粉	5 公克

炸粉

地瓜粉	200 公克
紫蘇粉	20 公克
白芝麻	10 公克

作法

1. 醃料混合均勻，放入雞脖子醃漬 2 小時。
2. 炸粉材料混合均勻，放入 1. 的雞脖子沾裹均勻，放置 5 分鐘。
3. 將 2. 的裹粉雞脖子放入氣炸鍋籃，噴塗橄欖油，先以 180℃炸 10 分鐘，取出翻面，再用 200℃炸 5 分鐘即可。

2 人份 140/200℃ 8/4 min

和風炸雞肝

材料

雞肝	180 公克
檸檬	1/2 粒
橄欖油	適量

醃料

淡醬油	80 毫升
米酒	15 毫升
薑（磨泥）	10 公克
胡麻油	15 毫升

炸粉

玉米粉	100 公克
糯米粉	50 公克
白芝麻	20 公克

調味料

鹽	5 公克
鮮奶	250 毫升

作法

1. 雞肝清洗乾淨，並切除脂肪，用鹽輕輕揉捏而後水洗，再浸泡鮮奶約 45 分鐘後，濾乾水份。
2. 混合全部醃料，放入 1. 的雞肝，醃漬約 15 分鐘，讓雞肝充分入味，再拿起輕拭水份。
3. 炸粉材料混合均勻，再把 2. 的雞肝沾裹炸粉。
4. 將 3. 的裹粉雞肝放入氣炸鍋籃，噴塗橄欖油，先以 140℃ 炸 8 分鐘，再以 200℃炸 4 分鐘即可。
5. 上桌時以檸檬作為盤飾。

優格雞丁

2人份 180°C 12min

材料

雞胸肉 220 公克
橄欖油 適量

醃料

原味無糖優格 120 公克
馬薩拉粉 5 公克
孜然粉 1.5 公克
芫荽粉 1.5 公克
紅辣椒粉 1.5 公克
番茄糊 15 公克
蒜頭泥 5 公克
薑泥 5 公克
檸檬汁 15 毫升
鹽 適量

炸粉

麵包粉 120 公克
玉米脆片 60 公克

沾醬

原味無糖優格 160 公克
鮮奶油 30 毫升
小黃瓜（去皮去籽切小丁） 1/2 條
薄荷葉碎 2 葉
鹽 適量
研磨黑胡椒碎 適量

作法

1. 雞胸肉切成一口大小的雞丁備用。
2. 混合全部醃料，再把雞胸肉放入拌勻，醃漬 2 小時。
3. 把玉米脆片敲碎，與麵包粉混成炸粉備用。
4. 沾醬材料混合備用。
5. 將 2. 的雞丁沾適量炸粉，放入氣炸鍋籃，噴塗橄欖油，以 180℃炸 12 分鐘。
6. 起鍋後，沾醬食用。

iki
生

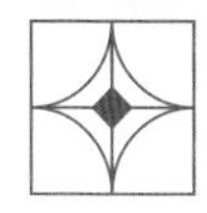

味噌醬醋雞腿排

2~3 人份

150/200℃ 10/6 min

材料

雞腿（去骨）	300 公克
白芝麻	30 公克
橄欖油	適量

醃料

巴莎米克醋	100 毫升
味噌	50 公克
醬油	50 毫升
味醂	100 毫升
薑片	20 公克
開飲水	50 毫升
糖	20 公克

作法

1 鍋內倒入巴莎米克醋、味醂、醬油、糖、薑片、開飲水，小火慢煮，濃縮至 1/2 的量，再調入味噌拌勻即成醃料。

2 雞腿肉洗淨，瀝乾水份，放入 1. 的醃料中醃漬 2 小時後，沾白芝麻備用。

3 將 2. 的雞腿放入氣炸鍋籃，噴塗橄欖油，以 150℃炸 10 分鐘，取出翻面，再以 200℃炸 6 分鐘。

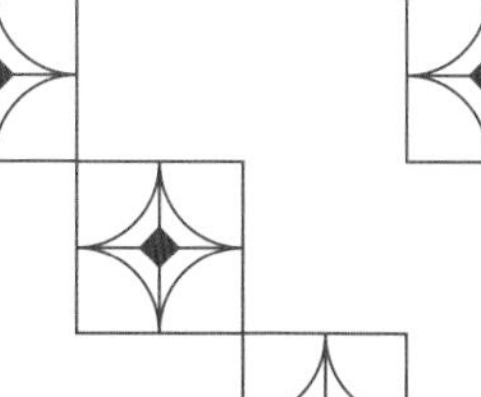

蜂蜜檸檬鹽鴨胸 2~3人份 180/200℃ 8/4 min

材料

鴨胸	280 公克
橄欖油	適量
蜂蜜	10 毫升

醃料

檸檬皮（磨碎）	5 公克
研磨黑胡椒	2 公克
鹽	10 公克

作法

1 將醃料混合備用。
2 鴨胸的皮上先劃刀，再把醃料塗抹在鴨胸皮上，醃漬 20 分鐘。
3 將 2. 的鴨胸放入氣炸鍋籃，噴塗橄欖油，以 180℃ 炸 8 分鐘，取出鴨胸，在皮上塗抹蜂蜜，再以 200℃ 炸 4 分鐘即可。

2~3人份 200°C 12min

紅糟鴨胸

材料

鴨胸	280 公克
橄欖油	適量

醃料

紅糟	80 公克
薑片	2 片
水	15 毫升
米酒	30 毫升
醬油	30 毫升
糖	15 公克

炸粉

地瓜粉	100 公克
芫荽籽	10 公克

作法

1 將醃料混合備用。

2 鴨胸皮劃刀後，整個放進 1. 的醃料裡，醃漬 30 分鐘。

3 芫荽籽切成細碎，與地瓜粉混合均勻成炸粉。

4 將 2. 的鴨胸沾裹適量炸粉，放置 5 分鐘。

5 將 4. 的裹粉鴨胸放入氣炸鍋籃，噴塗橄欖油，以 200℃炸 12 分鐘。

6 盛盤後，靜置 10 分鐘，待熟成後食用。

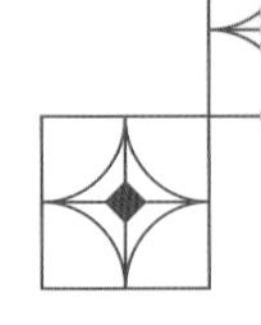

剝皮辣椒豬肉捲 2人份 180℃ 10min

材料

豬肉薄片	12 片
剝皮辣椒	120 公克
橄欖油	適量

調味料

醬油膏	30 毫升
白胡椒粉	適量

作法

1. 將剝皮辣椒切成段，豬肉片舖上 3 根剝皮辣椒，捲起來，以專用串燒籤*串起。
2. 將調味料混合，將 1. 的豬肉捲塗抹調味料。
3. 將豬肉捲放入氣炸鍋籃，噴塗橄欖油，以 180℃炸 10 分鐘。
4. 撒上白芝麻後上桌。

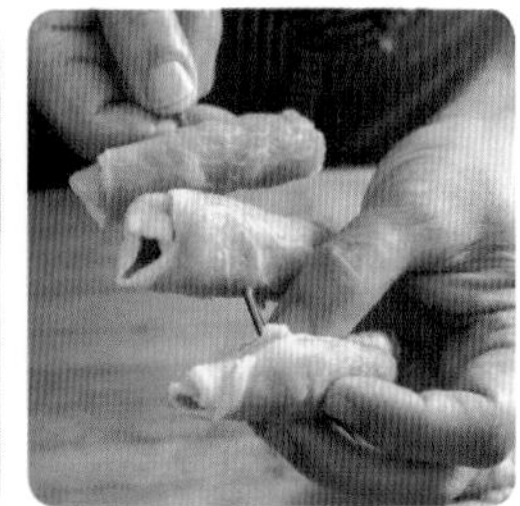

＊亦可用一般竹籤替代。

2人份 160/200°C 5/5 min 蜜汁豬肉捲蘋果

材料

豬肉薄片	12 片
紅蘋果	1 顆
甜椒粉	3 公克
橄欖油	適量

蜜汁醬

醬油	15 毫升
巴莎米克醋	15 毫升
蜂蜜	15 毫升
砂糖	2.5 公克

作法

1 將蜜汁醬所有材料拌勻備用。

2 蘋果去皮，切成條狀共 12 條。

3 豬肉薄片舖上蘋果條，捲起來。

4 將 3. 的豬肉蘋果捲放入氣炸鍋籃，噴塗橄欖油，以 160℃炸 5 分鐘，取出刷上蜜汁醬，再以 200℃炸 5 分鐘。

5 起鍋後，撒上甜椒粉。

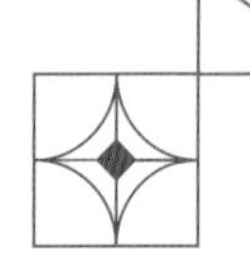

酒香排骨酥

2~3人份 180°C 15min

材料

豬小排（切塊）	300 公克
橄欖油	適量

醃料

蒜末	10 公克
紅蔥頭末	5 公克
薑末	5 公克
醬油	45 毫升
糖	15 公克
五香粉	2.5 公克
白胡椒粉	2.5 公克
米酒	25 毫升

炸粉

地瓜粉	150 公克
玉米粉	50 公克

作法

1 將醃料混合備用。

2 將豬小排放進 1. 的醃料裡，醃漬約 2 小時。

3 將炸粉材料混合，沾裹醃漬後的豬小排，放置約 5 分鐘。

4 將 3. 的豬小排放入氣炸鍋籃，噴塗橄欖油，以 180℃炸 15 分鐘。

3~4人份　180/200°C　15/15min

銷魂叉燒肉

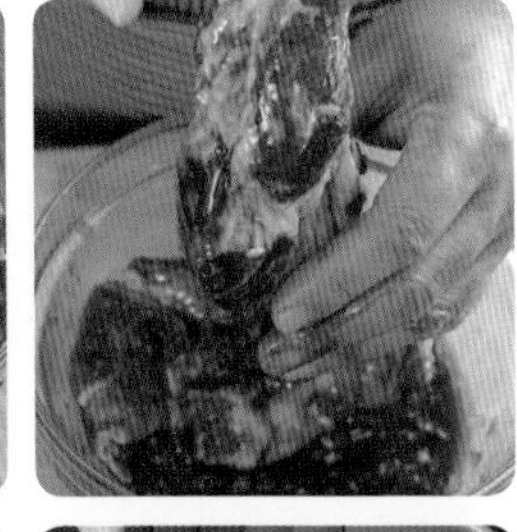

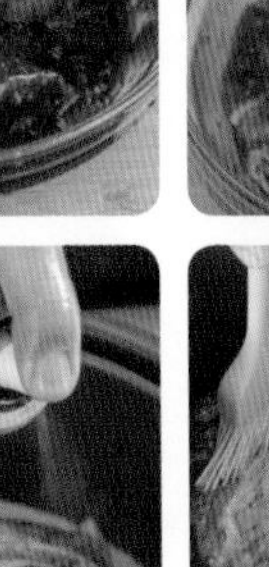

材料

豬梅花肉	300 公克
橄欖油	適量
柳橙果醬	30 公克

醃料

洋蔥（細末）	50 公克
蒜頭（細末）	15 公克
砂糖	30 公克
鹽	2.5 公克
醬油	15 毫升
蠔油	15 毫升
甜麵醬	15 毫升
麻油	30 毫升

作法

1 將醃料混合備用。

2 將豬梅花肉用 1. 的醃料均勻塗抹，醃漬約 6 小時。

3 將 2. 的豬梅花肉放入氣炸鍋籃，噴塗橄欖油，以 180℃炸 15 分鐘後取出，兩面刷上柳橙果醬，再以 200℃炸 15 分鐘。

示範影片

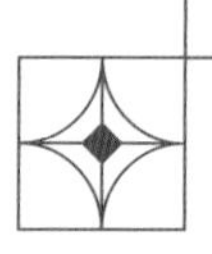

酥炸香料豬五花 3~4人份 180/200°C 10/10min

材料

豬五花肉	300 公克

醃料

蒜頭（切碎）	5 公克
薑（切碎）	5 公克
香菜（切碎）	5 公克
小辣椒（切碎）	5 公克
九層塔（切碎）	5 公克
檸檬汁	30 毫升
糖	15 公克
魚露	45 毫升

作法

1 將所有醃料混合備用。

2 將醃料均勻塗抹在豬五花肉上，冷藏一天。

3 將冷藏一天後的豬五花肉放入氣炸鍋籃，以 180℃炸 10 分鐘後取出，取出翻面，再以 200℃炸 10 分鐘。

早安台南

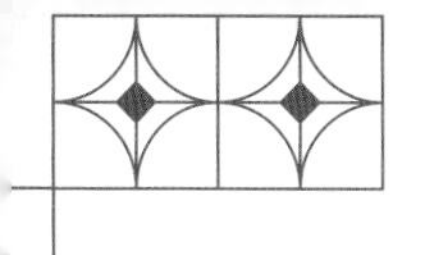

3~4人份 180/200°C 20/10min

味噌漬豬肉

材料

豬梅花肉	300 公克
檸檬	1/2 顆
橄欖油	適量

醃料

味噌	30 公克
米酒	15 毫升
味醂	30 毫升
砂糖	10 公克
水	20 毫升

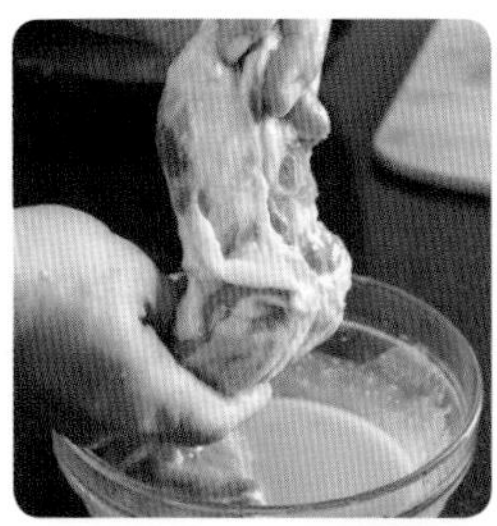

作法

1 將所有醃料混合備用。
2 將醃料均勻塗抹在豬梅花肉上，醃漬 2 小時。
3 將 2. 的豬梅花肉表面的醃料用手抹掉，以避免氣炸時焦掉，再放入氣炸鍋籃，噴塗橄欖油，以 180℃炸 20 分鐘後取出，取出翻面，再以 200℃炸 10 分鐘。

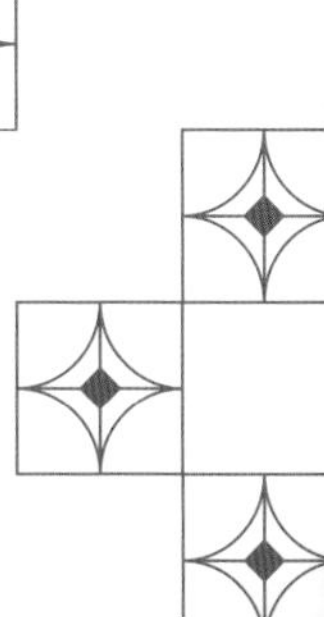

綜合香料美式豬排 2人份 200℃ 5/6 min

材料

帶骨豬里肌（160公克）	2片
雞蛋	2顆
麵粉	50公克
橄欖油	適量

醃料

檸檬汁	30毫升
檸檬皮	5公克
鹽	適量
白胡椒粉	適量

炸粉

麵包粉	120公克
荷蘭芹（切碎）	5公克
百里香（切碎）	2公克
迷迭香（切碎）	2公克

作法

1. 將所有醃料混合備用。
2. 帶骨豬里肌用肉鎚拍打過，讓肉鬆弛。加入醃料，用手按摩肉片，醃漬約30分鐘。
3. 雞蛋打成蛋液備用。
4. 將炸粉材料混合備用。
5. 將2.的帶骨豬里肌依序裹上麵粉、蛋液、炸粉，稍微壓一下。
6. 將5.的帶骨豬里肌放入氣炸鍋籃，噴塗橄欖油，以200℃炸5分鐘後，取出翻面，再炸6分鐘。

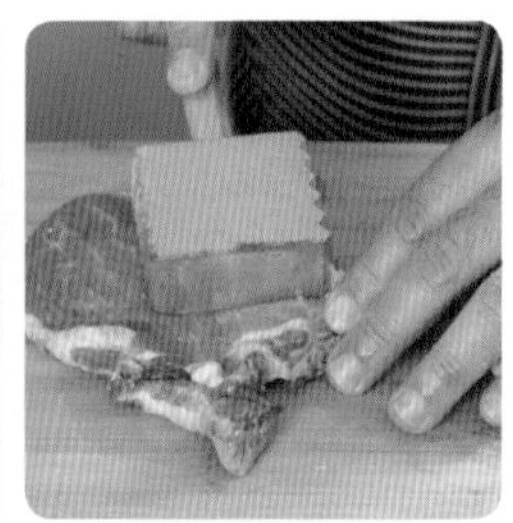

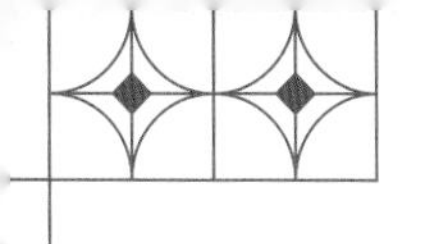

2~3 人份 180℃ 15min

乳酪豬肉丸

材料

豬絞肉	280 公克
吐司	1 片
洋葱碎末	120 公克
大蒜碎末	20 公克
荷蘭芹碎末	5 公克
乳酪絲	80 公克
麵粉	60 公克
雞蛋	2 顆
麵包粉	120 公克
橄欖油	適量

調味料

小茴香粉	2 公克
鹽	適量
白胡椒粉	適量

作法

1 把洋葱碎末、大蒜碎末、荷蘭芹碎末混合備用。
2 將吐司去邊，撕碎成小塊。
3 把豬絞肉和去邊吐司塊，以及 1. 的全部碎末混合，用手攪拌。
4 將調味料混合，加進 3. 的豬絞肉裡拌勻直到有一點黏性，使其口感綿密。
5 雞蛋打成蛋液備用。
6 將 4. 的豬絞肉滾成丸狀，一顆約 40 公克，包入乳酪絲，再度滾成丸狀。
7 將 6. 的絞肉丸沾上麵粉、蛋液、麵包粉。
8 將 7. 的絞肉丸放入氣炸鍋籃，噴塗橄欖油，以 180℃炸 15 分鐘。

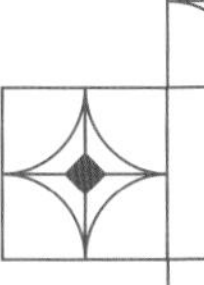

米苔目豬肉堡

3人份　180°C　5/3 min

材料

豬絞肉	220 公克
福菜	80 公克
蒜頭碎末	10 公克
蔥油酥	15 公克
芹菜碎粒	50 公克
辣椒碎末	10 公克
香菜碎末	10 公克
米苔目	20 公克
雞蛋	1 顆
玉米粉	45 公克
橄欖油	適量

調味料

醬油	45 毫升
米酒	20 毫升
白胡椒粉	適量
鹽	適量

作法

1 米苔目切成小粒狀備用。
2 將福菜洗淨切碎備用。
3 將蒜頭碎末、蔥油酥、芹菜碎粒、辣椒碎末、香菜碎末混合備用。
4 豬絞肉裡加入 2. 和 3. 的碎末攪拌均勻。
5 再加入雞蛋、玉米粉及所有調味料，用手捏成每片 60 公克的片狀，沾上米苔目小粒。
6 將米苔目豬肉堡放入氣炸鍋籃，噴塗橄欖油，以 180℃炸 5 分鐘，取出翻面，再炸 3 分鐘即可。

2 人份 180°C 5/5 min

米蘭式豬排

材料

豬里肌肉厚片（每片 150 公克） 2 片

雞蛋 1 顆

麵粉 30 公克

帕馬森起司粉 60 公克

橄欖油 適量

調味料

鹽 適量

白胡椒粉 適量

作法

1 切除豬里肌肉上的筋膜，並用刀背輕輕敲薄。雙面撒上少許鹽和白胡椒粉。

2 雞蛋打成蛋液，把 1. 的豬里肌肉先沾麵粉、蛋液，再沾帕馬森起司粉。

3 將 2. 的豬里肌肉放入氣炸鍋籃，噴塗橄欖油，以 180℃炸 5 分鐘，取出翻面，再炸 5 分鐘即可。

迷迭香牛排

2 人份　160/200 °C　5/5 min

材料

沙朗牛排	250 公克
無鹽奶油	10 公克

調味料

鹽	10 公克
新鮮迷迭香*	2.5 公克

作法

1 將迷迭香用乾鍋以小火炒出香味。再加入鹽拌炒後，放置冷卻，即成迷迭香鹽。

2 將沙朗牛排放入氣炸鍋籃，放上一半的無鹽奶油，先以 160℃炸 5 分鐘，取出翻面，再放上另一半的無鹽奶油，再以 200℃炸 5 分鐘。

3 盛盤後，搭配迷迭香鹽上桌。

*若無新鮮迷迭香，可改用市售的迷迭香香料。

SAL

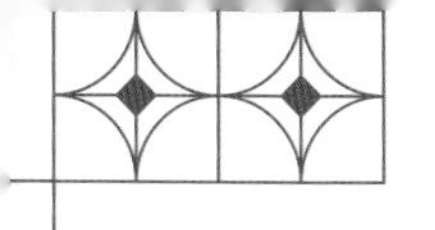
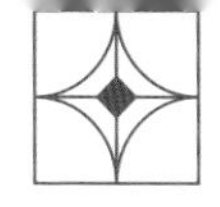

牛肉青蔥串佐巴莎米克蜂蜜醋

2人份  *180°C* *5/4 min*

材料

牛肉薄片（每片 120 公克）	12 片
青蔥	4 支
白芝麻	5 公克
竹籤	4 支
橄欖油	適量

醬汁

巴莎米克醋	100 毫升
蜂蜜	30 毫升

調味料

鹽	適量
白胡椒粉	適量

作法

1 青蔥洗淨，切成適當長段。
2 牛肉薄片捲入青蔥段，以竹籤串起。
3 撒上鹽、白胡椒粉備用。
4 巴莎米克醋倒入鍋中，以小火濃縮至 1/2 量，關火後加入蜂蜜，拌勻成蜂蜜醋。
5 把 2. 的牛肉青蔥串放入氣炸鍋籃，刷上蜂蜜醋，噴塗橄欖油，以 180℃炸 5 分鐘，取出翻面後再次刷上蜂蜜醋，再炸 4 分鐘。
6 盛盤後撒上白芝麻。

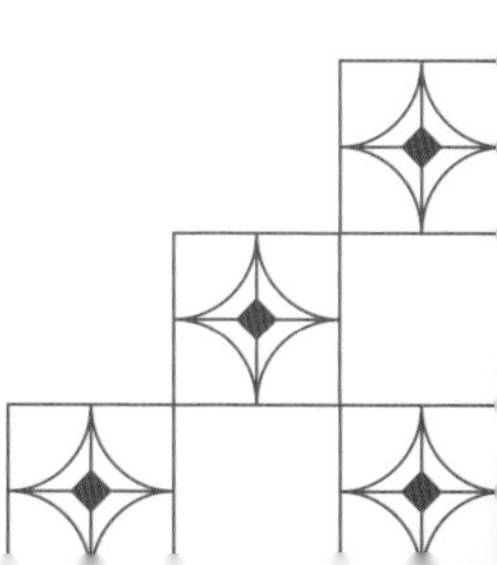

羊排佐燒肉醬

2人份　180/200°C　8/7 min

材料

羊排	200 公克
橄欖油	適量

醬汁

白芝麻	5 公克
蒜泥	10 公克
糖	15 公克
醬油	60 毫升
水	30 毫升
胡麻油	10 毫升

調味料

鹽	適量
白胡椒粉	適量

作法

1. 將全部醬汁材料混合均勻，用小火濃縮至 1/2 量，製成燒肉醬。
2. 在羊排上撒上鹽和白胡椒粉備用。
3. 將 2. 的羊排放入氣炸鍋籃，噴塗橄欖油，以 180℃炸 8 分鐘，取出翻面，再以 200℃炸 7 分鐘。
4. 盛盤後，搭配燒肉醬上桌。

營養海鮮料理

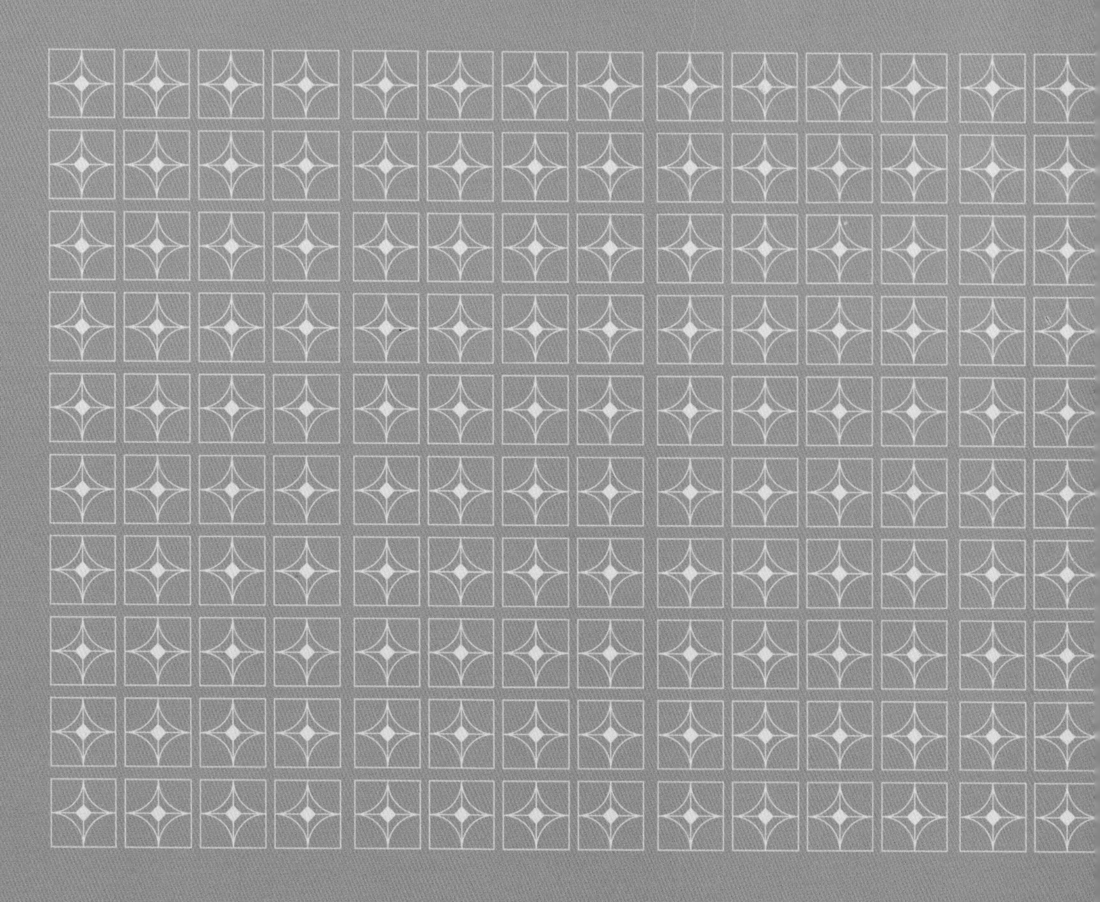

seafood

2 人份　180/200°C　8/2 min

花枝佐五味醬

材料

花枝	220 公克
橄欖油	適量

醬汁

蒜末	2.5 公克
薑末	2.5 公克
辣椒末	2.5 公克
醬油膏	15 毫升
番茄醬	60 毫升
烏醋	15 毫升
砂糖	5 公克
香油	5 毫升

炸粉

地瓜粉	150 公克
玉米粉	50 公克

調味料

鹽	適量
白胡椒粉	適量

作法

1. 將醬汁材料全部混合，製成五味醬。
2. 花枝切成大小適口，備用。
3. 炸粉材料混合，將花枝均勻沾上炸粉。
4. 將 3. 的花枝放入氣炸鍋籃，噴塗橄欖油，以 180℃炸 8 分鐘，取出翻面，再以炸 200℃炸 2 分鐘。
5. 盛盤後，撒上調味料，搭配五味醬上桌。

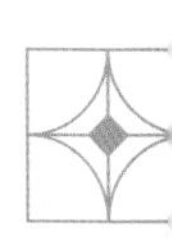

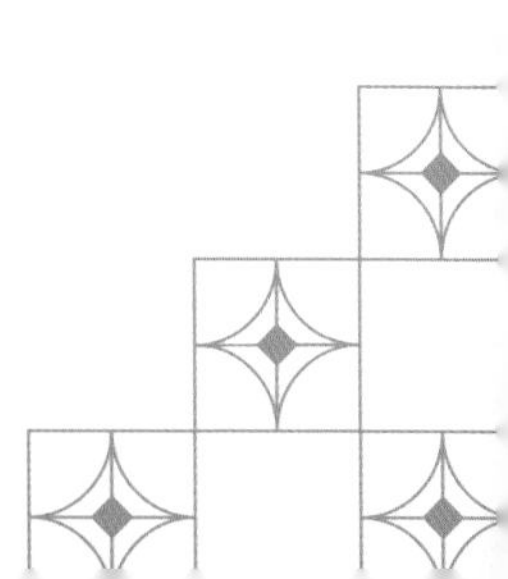

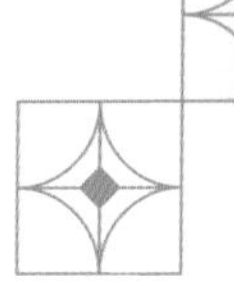

紅糟酥小卷

2人份　180/200℃　6/4 min

材料

小卷（每尾約 5-8 公分）　180 公克

橄欖油　適量

醃料

紅糟醬	20 公克
醬油	10 毫升
米酒	15 毫升
蒜泥	5 公克
薑泥	5 公克

炸粉

地瓜粉　150 公克

作法

1 將小卷洗淨去軟骨，擦乾水份備用。
2 將所有醃料混合，把小卷放入醃料醃漬 20 分鐘。
3 將醃漬好的小卷，沾上地瓜粉，放置約 10 分鐘。
4 將 3. 的小卷放入氣炸鍋籃，噴塗橄欖油，以 180℃炸 6 分鐘，取出翻面，再以 200℃炸 4 分鐘

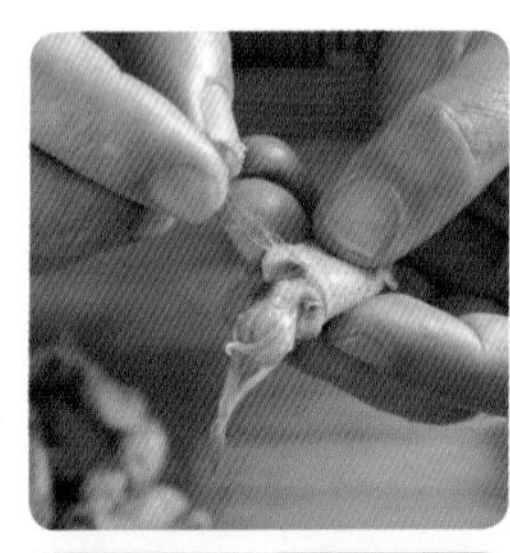

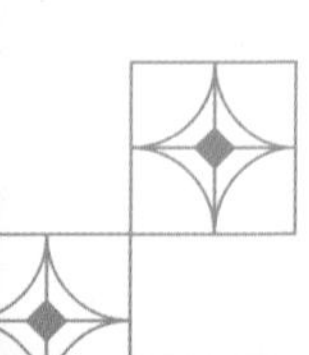

arlink

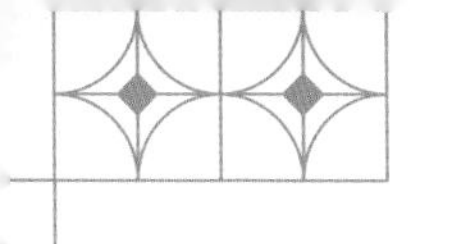

2 人份　180°C　8min

堅果酥炸鮮蚵

材料

鮮蚵	200 公克
雞蛋	2 顆
麵粉	100 公克
橄欖油	適量

炸粉

開心果	15 公克
核桃	15 公克
花生	15 公克
麵包粉	150 公克

調味料

鹽	適量
白胡椒粉	適量

作法

1 將鮮蚵洗淨擦乾備用。
2 將開心果、核桃、花生切成細碎，與麵包粉混合成炸粉。
3 雞蛋打成蛋液備用。
4 鮮蚵先沾麵粉，再沾蛋液，最後再裹上炸粉。
5 將調味料混合成胡椒鹽。
6 將 4. 的裹粉小卷放入氣炸鍋籃，噴塗橄欖油，以 180℃炸 8 分鐘。
7 盛盤後，搭配胡椒鹽上桌。

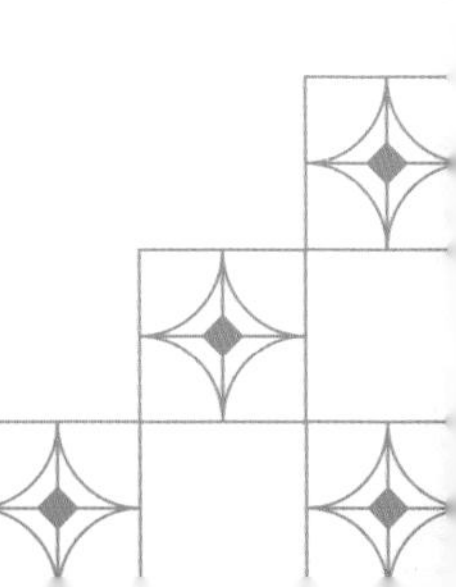

香鬆鯛魚塊

2人份 180°C 12min

材料

鯛魚片	250 公克
三島香鬆	50 公克
橄欖油	適量

醃料

醬油	15 毫升
米酒	15 毫升
白胡椒粉	2.5 公克

裹漿

雞蛋	1 顆
麵粉	150 公克
水	75 毫升

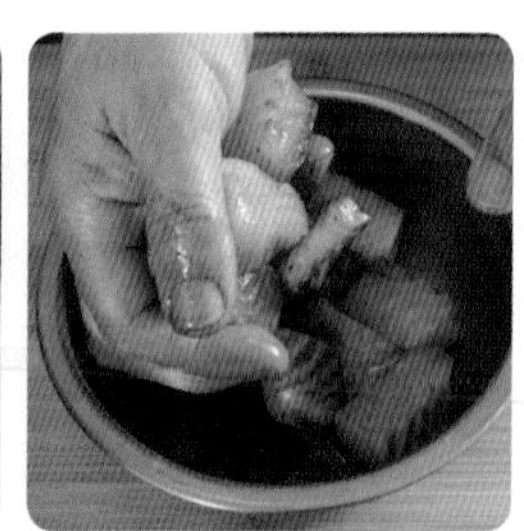

作法

1 將醃料全部混合備用。
2 鯛魚切塊，加進醃料攪拌均勻，醃漬約 30 分鐘。
3 將裹漿材料混合，攪拌均均成麵糊。
4 將 2. 的醃漬鯛魚先沾麵糊，再沾三島香鬆。
5 將 4. 的裹糊香鬆鯛魚放入氣炸鍋籃，噴塗橄欖油，以 180℃炸 12 分鐘。

DRAFT BEER

2人份 180/200°C 8/4 min 普羅旺斯鮭魚排

材料

鮭魚排	220 公克
黃芥末醬	10 公克
蒜末	5 公克
迷迭香	2.5 公克
百里香	2.5 公克
麵包粉	50 公克
橄欖油	適量

調味料

鹽	適量
研磨黑胡椒	適量

作法

1. 將鮭魚排洗淨，擦乾備用。
2. 將迷迭香和百里香切成細碎，拌入蒜末和麵包粉，再加入適量橄欖油，混合均勻成香料麵包粉。
3. 在鮭魚的兩面均勻撒上鹽和研磨黑胡椒。
4. 將 3. 的鮭魚放入氣炸鍋籃，噴塗橄欖油，先以 180℃炸 8 分鐘，取出塗抹黃芥末醬，撒上 2. 的香料麵包粉，再次噴塗橄欖油，以 200℃炸 4 分鐘。

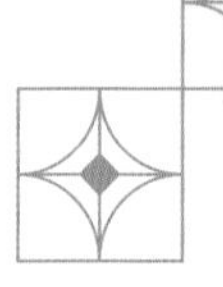

香酥丁香魚

2人份 200℃ 12min

材料

新鮮丁香魚	200 公克
橄欖油	適量

炸粉

麵粉	150 公克

調味料

鹽	適量
白胡椒粉	適量
七味粉	適量

作法

1 新鮮丁香魚洗淨擦乾，抹上鹽和白胡椒粉，再沾麵粉。

2 將 1. 的裹粉丁香魚放入氣炸鍋籃，噴塗橄欖油，以 200℃炸 12 分鐘。

3 盛盤後，搭配七味粉上桌。

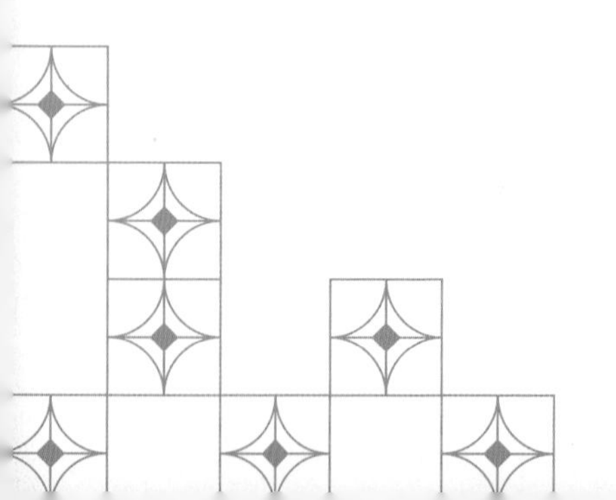

2人份 160/180°C 8/8 min

酥炸柳葉魚

材料

柳葉魚	180 公克
麵粉	80 公克
雞蛋	1 顆
檸檬	1/2 顆
橄欖油	適量

炸粉

麵包粉	120 公克
黑芝麻	5 公克
白芝麻	5 公克
香蒜粉	2.5 公克
鹽	2.5 公克
研磨黑胡椒	1.5 公克

作法

1 將柳葉魚洗淨擦乾備用。
2 雞蛋打成蛋液備用。
3 將炸粉全部材料混合。
4 將柳葉魚依序沾薄薄的麵粉、蛋液及3.的炸粉。
5 將4.的裹粉柳葉魚放入氣炸鍋籃，噴塗橄欖油，以160℃炸8分鐘，取出翻面，再以180℃炸8分鐘。
6 盛盤後，搭配半顆檸檬上桌。

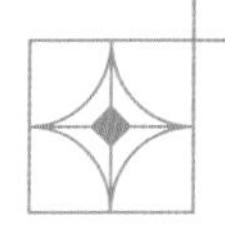

鮪魚佐番茄莎莎醬 2人份 200℃ 5/8 min

材料

鮪魚（180 公克）	2 片
橄欖油	適量

醬汁

牛番茄切丁（去皮去籽）	100 公克
洋蔥切丁	20 公克
紅蔥頭末	5 公克
香菜	5 公克
檸檬汁	30 毫升
橄欖油	15 毫升
鹽	適量
研磨黑胡椒	適量

調味料

煙燻紅椒粉	適量
鹽	適量
研磨黑胡椒	適量

作法

1 將調味料混合，鮪魚均勻沾調味料，放置備用。

2 將醬汁所有材料混合均勻，製成番茄莎莎醬。

3 將 1. 的鮪魚放入氣炸鍋籃，噴塗橄欖油，以 200℃炸 5 分鐘，取出翻面，再炸 8 分鐘。

4 盛盤後，淋上番茄莎莎醬上桌。

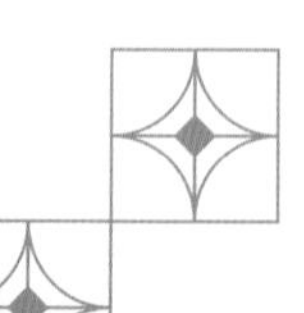

2人份 180°C 10min 海大蝦佐蘿勒醬

材料

海大蝦（每尾 160 公克）	3 尾
蛋黃	1 顆
麵包粉	20 公克
無鹽奶油	20 公克

醬汁

九層塔	30 公克
荷蘭芹	10 公克
松子	2.5 公克
鯷魚（罐頭）	2.5 公克
蒜頭	2.5 公克
乳酪粉	10 公克
橄欖油	80 毫升

作法

1 海大蝦（不去殼）從背部以刀剖開，除掉腸泥洗淨，擦乾水份備用。
2 將醬汁的所有材料放入果汁機，打成均勻泥狀，製成蘿勒醬。
3 等無鹽奶油自然軟化，加入蛋黃，再加入蘿勒醬、麵包粉，充份攪拌均勻備用。
4 將 3. 的醬汁均勻塗抹在海大蝦腹部。
5 將 4. 的海大蝦放入氣炸鍋籃，噴塗橄欖油，以 180℃炸 10 分鐘 。

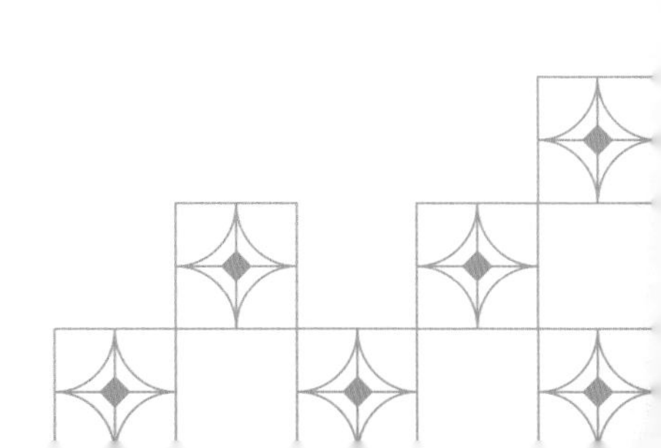

櫻花蝦脆皮海大蝦 2人份 180°C 12min

材料

海大蝦（每尾 160 公克）	3 尾
櫻花蝦	120 公克
麵粉	45 公克
蛋白	1 顆

咖哩鹽

咖哩粉	5 公克
鹽	15 公克

作法

1. 咖哩鹽所有材料混合。
2. 海大蝦洗淨後，去掉外殼和腸泥。
3. 海大蝦上撒一層薄薄的麵粉，再沾蛋白。
4. 將櫻花蝦鋪滿在 3. 的海大蝦上。
5. 將 4. 的海大蝦放入氣炸鍋籃，噴塗橄欖油，以 180℃炸 12 分鐘 。
6. 盛盤後，搭配咖哩鹽上桌。

SAL

2人份 180°C 10min

蝦泥吐司

材料

蝦仁	250 公克
白吐司	2 片
青蔥	50 公克
紅椒	50 公克
青椒	50 公克
蛋白	1 顆份
玉米粉	20 公克
胡麻油	10 毫升
香菜葉	適量
橄欖油	適量

調味料

鹽	適量
白胡椒粉	適量

作法

1. 蝦仁、青蔥、紅椒、青椒都切成碎末，全部混合。
2. 在 1. 的材料裡加入蛋白、玉米粉、胡麻油及調味料，攪拌到出現黏稠感。
3. 把吐司切成四個小四方型塊狀，再把 2. 的蝦泥抹在吐司上，再擺放香菜。
4. 將 3. 的吐司放入氣炸鍋籃，噴塗橄欖油，以 180℃炸 10 分鐘 。

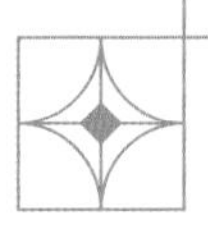

味噌醃漬蝦

2 人份　180°C　$\frac{5}{5}$ min

材料

海大蝦（每尾 160 公克）	3 尾
橄欖油	適量

醃料

味噌	80 公克
米酒	50 毫升
味醂	20 毫升
醬油	10 毫升

炸粉

地瓜粉	80 公克
玉米粉	20 公克

作法

1 海大蝦洗淨，擦乾水份，用竹籤從尾巴串至頭部。
2 將醃料的全部材料混合均勻。
3 將 1.的海大蝦，浸漬在 2.的味噌醃料中約 1 小時，讓食材充分入味。
4 將炸粉混合均勻。
5 將 3. 的海大蝦沾 4. 的炸粉，放入氣炸鍋籃，噴塗橄欖油，以 180℃炸 5 分鐘，取出翻面，再炸 5 分鐘。

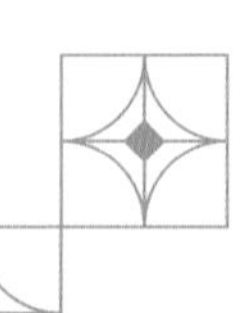

清爽蔬菜料理

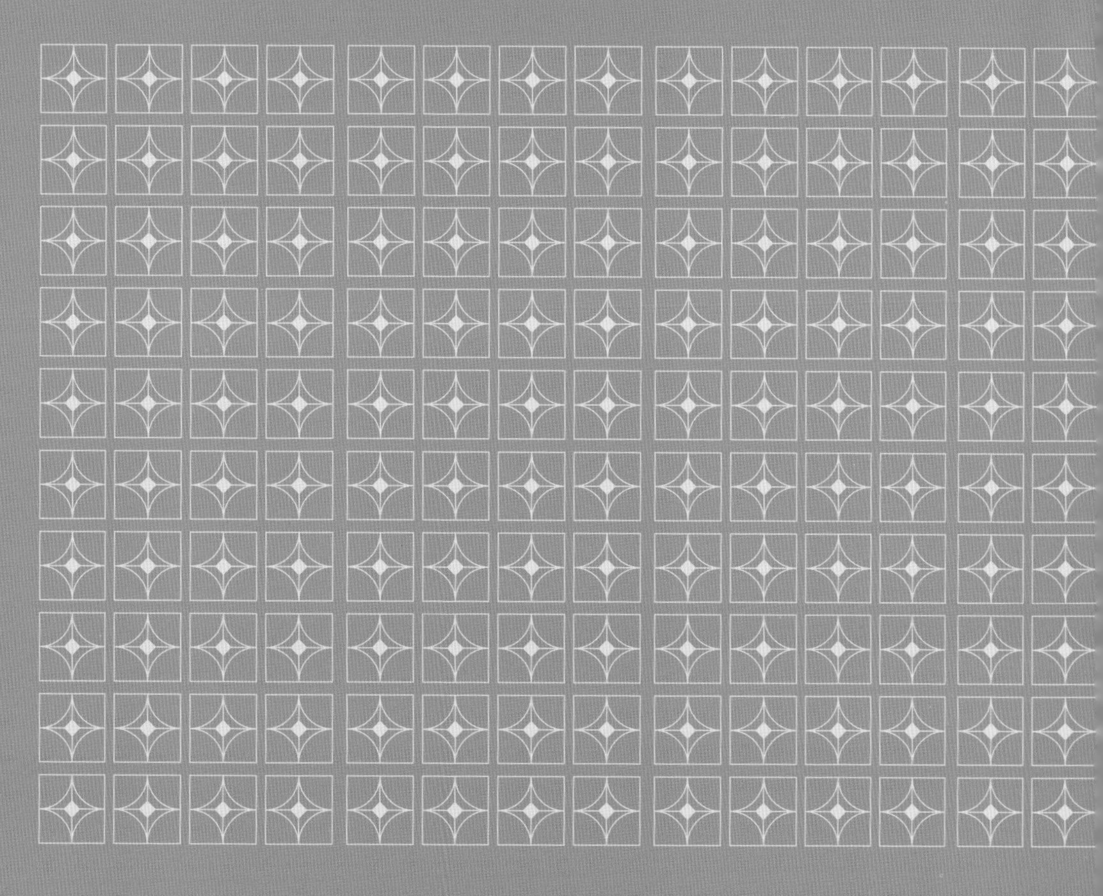

vegetable

蒜香杏鮑角

2人份 160°C 10/5 min

材料

杏鮑菇	180 公克
蒜頭	10 公克
橄欖油	適量

調味料

鹽	適量
研磨黑胡椒	適量

作法

1 將杏鮑菇擦乾淨，切成一口大小的角狀備用。

2 蒜頭切碎備用。

3 將 1. 的切角杏鮑菇放入氣炸鍋籃，噴塗橄欖油，以 160℃炸 10 分鐘，打開氣炸鍋，放入蒜頭碎，再炸 5 分鐘。

4 盛盤後，撒適量調味料後上桌。

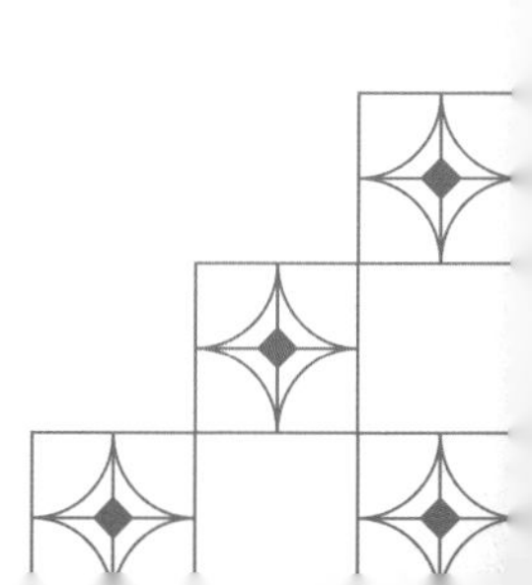

豆皮四季豆捲

2人份 200°C 6/2 min

材料

四季豆	150 公克
生豆皮	5 片
橄欖油	適量

調味料

醬油膏	適量

作法

1 四季豆洗淨，切成 5 公分長。

2 將生豆皮攤開成片狀，再放上四季豆並捲起包覆。

3 將 2. 的豆皮四季豆捲放入氣炸鍋籃，噴塗橄欖油，以 200℃炸 6 分鐘，取出在豆皮表面刷上醬油膏，再炸 2 分鐘。

帶皮馬鈴薯

材料

小馬鈴薯	250 公克
橄欖油	適量

調味料

煙燻紅椒粉	適量
鹽	適量
研磨黑胡椒	適量
香菜葉粉	適量

作法

1 將小馬鈴薯洗淨，放入滾水中煮 12 分鐘後撈起，瀝乾放涼，切半備用。

2 將馬鈴薯放入氣炸鍋籃，噴塗橄欖油，撒適量煙燻紅椒粉、鹽及研磨黑胡椒，以 180℃炸 12 分鐘。

3 盛盤後，灑上香菜葉粉。

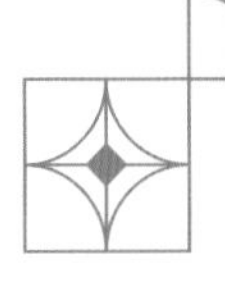

綜合炸甜椒

2 人份　180°C　8min

材料

紅甜椒	80 公克
黃甜椒	80 公克
青椒	80 公克
蒜頭	10 公克
綜合香料（市售）	2.5 公克
橄欖油	適量

調味料

鹽	適量
白胡椒粉	適量
檸檬汁	5 毫升

作法

1 將紅甜椒、黃甜椒、青椒切大塊，蒜頭切碎備用。

2 將 1. 和綜合香料、鹽、白胡椒粉及橄欖油，醃漬 10 分鐘。

3 將 2. 的綜合甜椒放入氣炸鍋籃，以 180℃炸 8 分鐘。

4 取出後拌檸檬汁，盛盤上桌。

GREEN PRODUCT
BALI
exp date

油漬番茄

2人份　180°C　10min

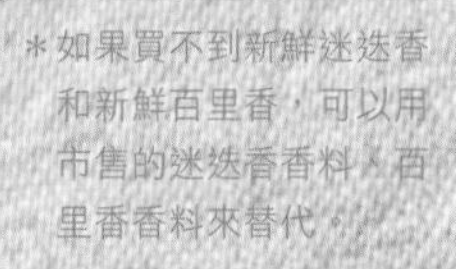

＊如果買不到新鮮迷迭香和新鮮百里香，可以用市售的迷迭香香料、百里香香料來替代。

材料

小番茄	180 公克	橄欖油	適量
新鮮迷迭香*	2 公克	**調味料**	
新鮮百里香*	2 公克	鹽	適量
蒜頭	5 公克	白胡椒粉	適量

作法

1. 小番茄洗淨切半，新鮮迷迭香、新鮮百里香、蒜頭切碎備用。
2. 將 1. 的材料及橄欖油全部混合，以鹽、白胡椒粉調味，醃漬 10 分鐘。
3. 將 2. 的醃漬小番茄鋪在氣炸鍋籃，以 180℃炸 10 分鐘。

培根青蒜玉米筍捲 2人份 180°C 5/5 min

材料

材料	份量
玉米筍	8 根
青蒜	3 支
培根	8 片
橄欖油	適量

調味料

研磨黑胡椒粒

作法

1 玉米筍對半切開，青蒜切段備用。

2 將玉米筍、青蒜鋪在培根片，捲緊。

3 將 2. 的培根捲放入氣炸鍋籃，噴塗橄欖油，以 180℃炸 5 分鐘，取出翻面，再炸 5 分鐘。

4 盛盤後，撒上研磨黑胡椒粒上桌。

arlink

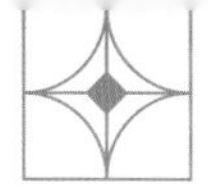

2人份　180/200°C　8/6/2 min　胡麻沙嗲醬玉米

材料

玉米	1 根
白芝麻	10 公克
橄欖油	適量

胡麻沙嗲醬

醬油膏	20 毫升
蠔油	10 毫升
沙茶醬	30 毫升
砂糖	15 公克
胡麻醬	15 公克
蒜泥	5 公克
水	30 毫升

作法

1 將胡麻沙嗲醬的材料全部混合，拌勻備用。

2 將玉米切對半備用。

3 將 2. 的玉米放入氣炸鍋籃，噴塗橄欖油，以 180℃炸 8 分鐘。

4 取出後，在玉米表面刷上胡麻沙嗲醬，再炸 6 分鐘後取出，再刷第二層醬，再以 200℃炸 2 分鐘。

5 取出後再刷第三層醬，即可盛盤撒白芝麻上桌。

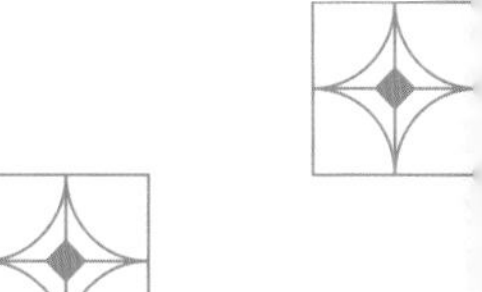

起司牛番茄

2人份 180°C 12min

材料

牛番茄	2 顆
乳酪絲	60 公克
雞蛋	1 顆
麵粉	45 公克
麵包粉	80 公克
橄欖油	適量

調味料

鹽	適量
白胡椒粉	適量

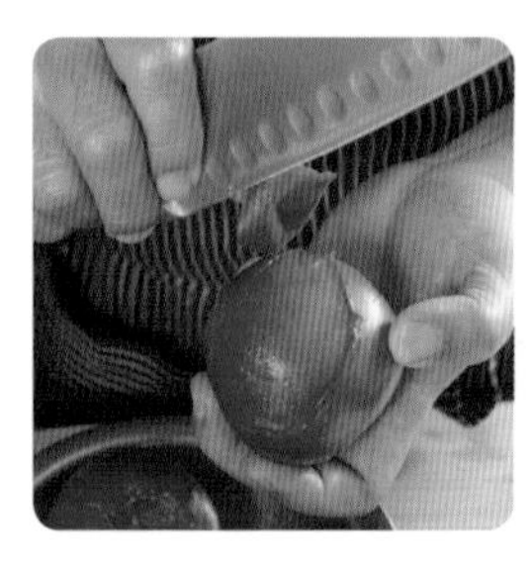

作法

1 牛番茄用熱水燙 10 秒鐘後泡冷開水，即可輕鬆去皮。

2 雞蛋打成蛋液備用。

3 將去皮後的番茄橫向對半切開，把兩邊果肉挖空，塞入乳酪絲後，再組合成原本的圓形，外面撒鹽和白胡椒粉。

4 將 3. 的番茄沾麵粉、蛋液和麵包粉，放入氣炸鍋籃，噴塗橄欖油，以 180℃炸 12 分鐘。

蝦泥香菇

材料

新鮮香菇（中）	6朵	玉米粉	30公克
蝦仁	120公克	麵粉	25公克
蛋液（全蛋）	1顆份	麵包粉	80公克
蛋白	1顆份	橄欖油	適量

調味料

鹽	適量
白胡椒粉	適量

作法

1 蝦仁洗淨擦乾水份，切成泥狀，拌入蛋白和玉米粉，以及適量鹽、白胡椒粉，用手攪拌均勻，製成蝦泥備用。

2 新鮮香菇去蒂頭，將香菇凹槽部分均勻撒上玉米粉，再將1.的蝦泥捏成球狀，塞入香菇凹槽中。

3 在2.的蝦泥香菇上撒一層薄薄的麵粉，沾上蛋液及麵包粉。

4 將3.的蝦泥香菇放入氣炸鍋籃，噴塗橄欖油，以160℃炸12分鐘。

梅鹽甜不辣

2~3人份 200°C 8min

材料

甜不辣	220 公克
橄欖油	適量

梅鹽

梅粉	5 公克
鹽	15 公克

作法

1 將梅粉與鹽混合，製成梅鹽。

2 甜不辣切成條狀備用。

3 將 2. 的甜不辣放入氣炸鍋籃，噴塗橄欖油，以 200°C 炸 8 分鐘。

4 盛盤後，搭配梅鹽上桌。

2人份 160/200℃ 7/3 min

日式炸豆腐

材料

雞蛋豆腐	1 塊
雞蛋	1 顆
麵包粉	80 公克
玉米粉	80 公克
白蘿蔔	50 公克
嫩薑	20 公克
青葱	10 公克
橄欖油	適量

調味料

味醂	30 毫升
醬油	30 毫升
開飲水	30 毫升

作法

1 雞蛋打成蛋液備用。
2 雞蛋豆腐分切 6 小塊，沾玉米粉及蛋液，再沾麵包粉備用。
3 白蘿蔔、嫩薑磨成泥，青葱切成末，備用。
4 調味料的全部材料混合成醬汁備用。
5 將 2. 的雞蛋豆腐放入氣炸鍋籃，噴塗橄欖油，以 160℃炸 7 分鐘，取出翻面，再以 200℃炸 3 分鐘。
6 盛盤後，把白蘿蔔、嫩薑和青葱末擺放炸豆腐上，搭配醬汁上桌。

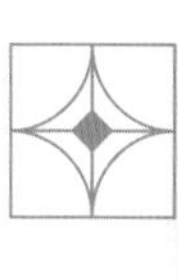

幸福午茶甜點

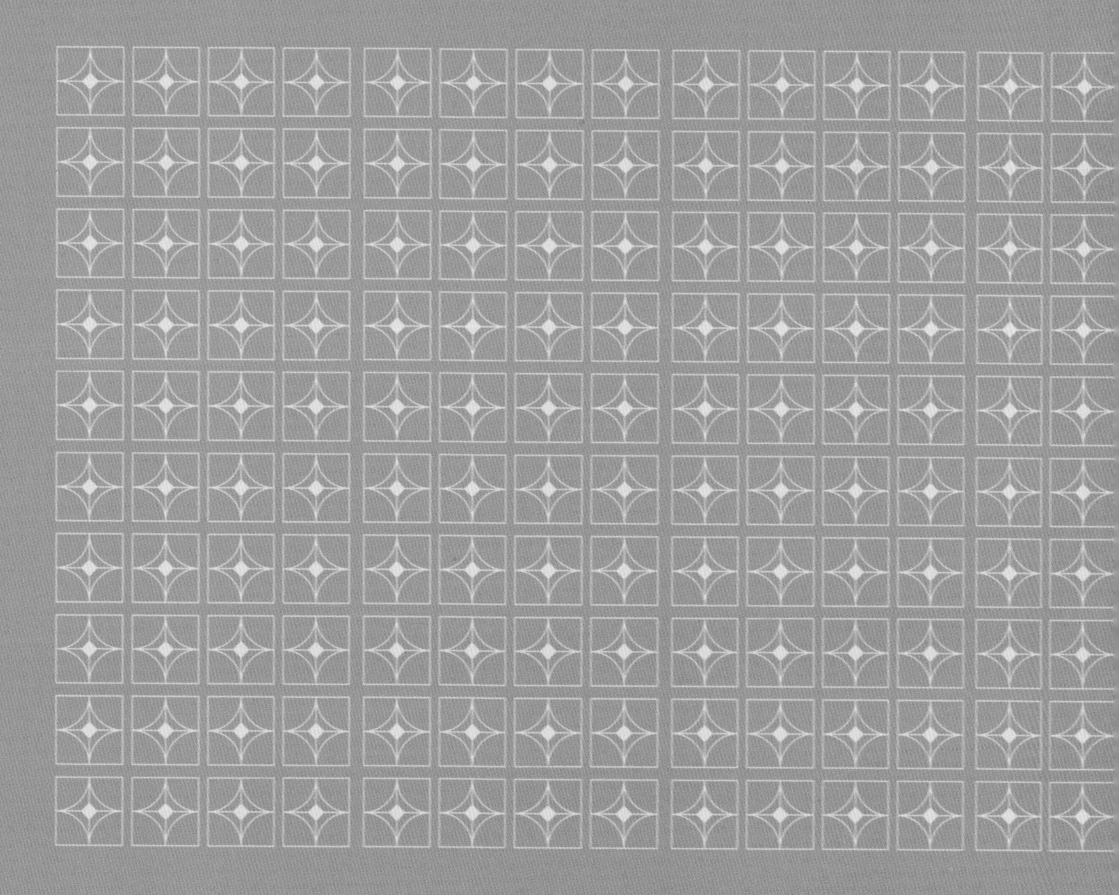

dessert

4~5人份 180/200°C 5/5 min

翡翠湯圓

材料

斑蘭葉	4 片
糯米粉	150 公克
清水	170 毫升
橄欖油	適量

調味料

無糖花生粉	60 公克
細砂糖	25 公克

作法

1 斑蘭葉洗淨剪成 4 小段，放入攪拌機，加入 50 毫升的清水，打成綠色的汁液過濾。
2 將糯米粉放在碗中，加入 1. 的斑蘭汁，再加 120 毫升清水，搓揉成粉糰，再分切數等份，搓成綠色湯圓備用。
3 無糖花生粉混合細砂糖攪拌均勻。
4 將 2. 的綠色湯圓放入氣炸鍋籃，噴塗橄欖油，以 180℃炸 5 分鐘定型，再以 200℃炸 5 分鐘。
5 盛盤後，搭配花生糖粉上桌。

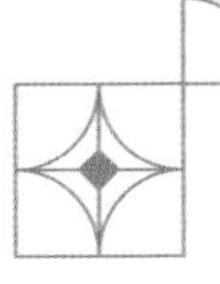

酥炸香蕉

2 人份　180℃　$\frac{5}{3}$ min

材料

香蕉	2 條
麵粉	50 公克
雞蛋	2 顆
橄欖油	適量

調味料

煉乳醬	60 公克

炸粉

麵包粉	80 公克
黑芝麻	5 公克
白芝麻	5 公克

作法

1. 將香蕉去皮，切成斜片狀備用。
2. 將炸粉材料全部混合備用。
3. 雞蛋 2 顆打成蛋液備用。
4. 將 1. 的切片香蕉，依序沾麵粉、蛋液及炸粉。
5. 將 4. 的沾粉香蕉放入氣炸鍋籃，噴塗橄欖油，以 180℃炸 5 分鐘，取出翻面，繼續以 180℃炸 3 分鐘。
6. 盛盤後，搭配煉乳醬上桌。

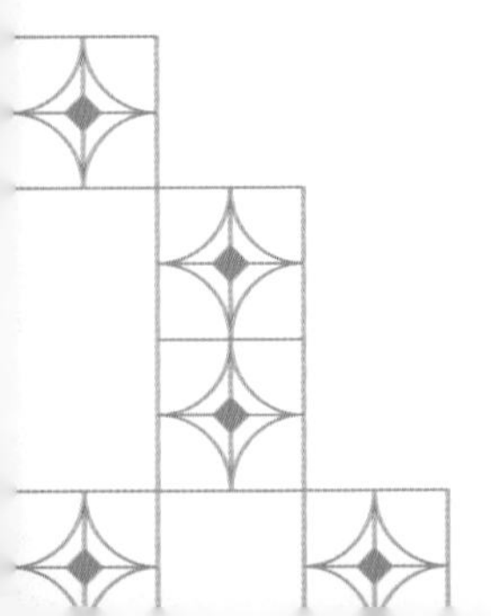

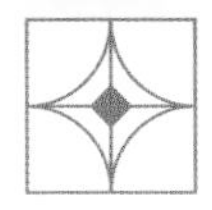

爆漿乳酪芋棗

6~8人份 200°C 8/8 min

材料

芋頭（約 450～500 公克）1 顆

玉米粉	80 公克
乳酪絲	120 公克
水	2 杯（量米杯）
橄欖油	適量

調味料

鹽	適量
五香粉	5 公克
糖	120 公克
白胡椒粉	適量

作法

1 芋頭去皮切塊後，用大碗盛裝，放入電鍋，碗外加 2 杯水，直到電鍋開關跳起即可蒸熟。

2 蒸好的芋頭搗成泥，拌入適量玉米粉，再依序加入所有的調味料。

3 將 2. 的芋泥取出適量，揉成一顆橢圓形，裡面包適量的乳酪絲，揉好即成芋棗。

4 將芋棗撒上少許玉米粉定型，放入氣炸鍋籃，噴塗橄欖油，以 200℃炸 8 分鐘，取出翻面，繼續以 200℃炸 8 分鐘。

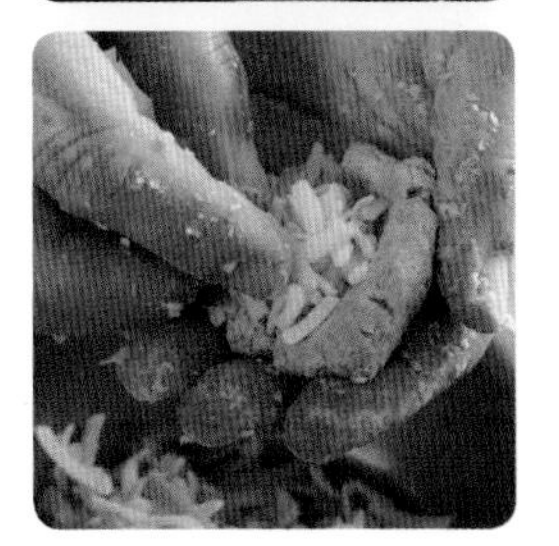

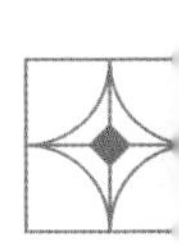

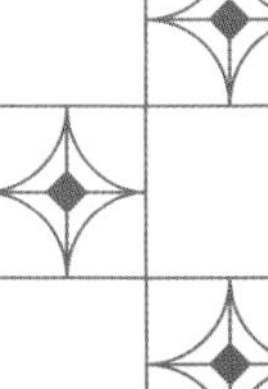

奶油麵包布丁

2人份 160°C 18min

材料

吐司麵包	2 片
葡萄乾	15 公克
無鹽奶油	30 公克
雞蛋	1 顆
鮮奶	160 毫升
奶油（軟化備用）	2.5 公克

調味料

糖	30 公克
糖霜	10 公克

作法

1 吐司麵包去邊，切成四方丁狀。
2 平底鍋開小火，放入一半（15 公克）的無鹽奶油，再將 1. 的吐司丁煎至上色，備用。
3 將雞蛋、糖和剩下的 15 公克無鹽奶油隔水加熱，直至糖融化，再加入鮮奶，攪拌均勻後，用篩網過濾，製成布丁液。
4 準備兩個小器皿（可耐高溫）*，抹上軟化後的奶油，將 2. 的吐司丁放入，接著放入葡萄乾，再倒入布丁液，讓吐司丁吸滿布丁液。
5 將 4. 的布丁皿放入氣炸鍋籃，以 160℃炸 18 分鐘。
6 取出後，撒上糖霜上桌。

＊放入氣炸鍋的容器皆須耐高溫：
耐高溫玻璃容器、耐高溫陶瓷碗盤、蛋糕模具、不鏽鋼鍋

2 人份 160°C 30min

法式烤蘋果

材料

紅蘋果（中）	2 顆
杏仁粉	20 公克
雞蛋	1 顆
葡萄乾	10 公克
萊姆酒	10 毫升
奶油（軟化備用）	20 公克

調味料

糖	20 公克

作法

1 紅蘋果挖空核心，當做蘋果盅。

2 將軟化奶油、杏仁粉、糖及雞蛋混合攪拌，製成杏仁糊。

3 葡萄乾浸漬在萊姆酒裡入味。

4 將 2. 的杏仁糊和 3. 的酒漬葡萄乾，一起倒入紅蘋果盅裡。

5 將 4. 的紅蘋果盅放入氣炸鍋籃，以 160℃氣炸 30 分鐘。

焦糖燒布丁

4人份 150°C 15min

材料

蛋黃	6 顆
鮮奶	200 毫升
鮮奶油	200 毫升
鋁箔紙	適量
紅糖	15 公克
萊姆酒	15 毫升
奶油（軟化備用）	5 公克

調味料

糖	60 公克

作法

1 將蛋黃及糖混合，攪拌均勻。
2 將鮮奶、鮮奶油和萊姆酒加進 1. 的蛋黃液，用篩網過濾，製成布丁液。
3 準備四個小器皿（可耐高溫）*，抹上軟化後的奶油，再將布丁液一一倒入器皿，每個均七分滿，蓋上鋁箔紙。
4 將 3. 的布丁盅放入氣炸鍋籃，以 150℃ 氣炸 15 分鐘。
5 取出後，撒上紅糖，然後用噴槍將表面紅糖噴上色，即可上桌。

* 放入氣炸鍋的容器皆須耐高溫：
耐高溫玻璃容器、耐高溫陶瓷碗盤、蛋糕模具、不鏽鋼鍋

3~4人份 180°C 15min

地瓜QQ球

材料

黃地瓜	300 公克
地瓜粉	150 公克
白芝麻	30 公克
玉米粉	50 公克
水	2 杯（量米杯）
橄欖油	適量

調味料

紅糖	60 公克

作法

1. 黃地瓜去皮切塊後，用大碗盛裝，放入電鍋，碗外加 2 杯水，直到電鍋開關跳起即可蒸熟。
2. 蒸好的地瓜搗成泥，趁熱加入紅糖，攪拌均勻。
3. 在 2. 的地瓜泥慢慢拌入地瓜粉與玉米粉，再加入白芝麻，揉成地瓜糰，表面呈光滑不黏手。
4. 將地瓜糰揉成長條狀，切成小等份，搓成圓狀的地瓜球。
5. 將 4. 的地瓜球放入氣炸鍋籃，噴塗橄欖油，以 180℃氣炸 15 分鐘。

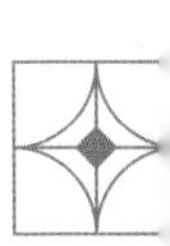

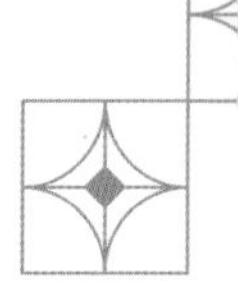

西班牙酒香麵包 2~3人份 180℃ 5/5 min

材料

長法國麵包切片（每片約 1.5 公分厚）	9 片
白葡萄酒	120 毫升
雞蛋	2 顆
橄欖油適量	適量

調味料

肉桂粉	3 公克
糖霜	10 公克

作法

1 麵包片浸泡白葡萄酒，讓每片都吸取白葡萄酒。

2 雞蛋 2 顆打成蛋液備用。

3 將 1. 的麵包片兩面沾取蛋液，放入氣炸鍋籃，噴塗橄欖油，以 180℃氣炸 5 分鐘，取出翻面，再噴塗橄欖油，繼續以 180℃氣炸 5 分鐘。

4 取出後，撒上肉桂粉和糖霜，即可食用。

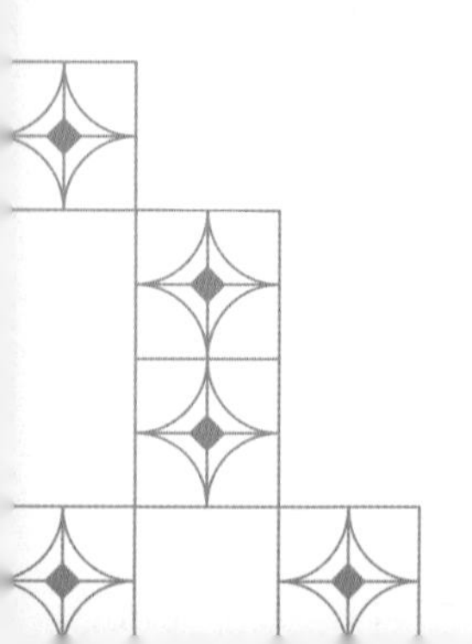

Cinnamon
cinnamomum burmannii

LE CREUSET

4人份 200°C 20min 西班牙肉桂糖油條

材料

中筋麵粉	100 公克
水	125 毫升
雞蛋	1 顆
鹽	1.5 公克
糖	15 公克
橄欖油	30 毫升
耐高溫油紙	一張

調味料

肉桂粉	10 公克
糖	30 公克

作法

1 準備一個小鍋，放入水、橄欖油、鹽、糖，煮開後加入中筋麵粉，攪拌均勻後，離火靜置 3 分鐘。
2 再加入雞蛋，攪拌均勻後裝入擠花袋，擠出約 5-6 公分的麵糊在油紙上。
3 肉桂粉與糖混合而成肉桂糖，備用。
4 將 2. 的長條麵糊連同油紙，放入氣炸鍋籃，以 200℃氣炸 20 分鐘。
5 取出後，均勻沾上肉桂糖，即可食用。

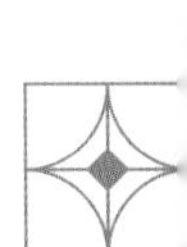

arlink

榮獲2020年康健雜誌
「讀者票選信賴品牌」
調味粉類 第一名

TOMAX
官方
網站

LINE
官方
網站

FB
官方
網站

TITLE

我就是要教你炸！氣炸減油少脂鹹酥雞攤料理

STAFF

出版　瑞昇文化事業股份有限公司
作者　林勃攸
攝影　璞真奕睿

總編輯　郭湘齡
文字編輯　徐承義　蕭妤秦　張聿雯
美術編輯　許菩真
排版　許菩真
製版　明宏彩色照相製版有限公司
印刷　桂林彩色印刷股份有限公司

法律顧問　立勤國際法律事務所　黃沛聲律師

戶名　瑞昇文化事業股份有限公司
劃撥帳號　19598343
地址　新北市中和區景平路464巷2弄1-4號
電話　(02)2945-3191
傳真　(02)2945-3190
網址　www.rising-books.com.tw
Mail　deepblue@rising-books.com.tw

本版日期　2020年6月
定價　280元

國家圖書館出版品預行編目資料

我就是要教你炸!氣炸減油少脂鹹酥雞攤料理 / 林勃攸作. -- 初版. -- 新北市 : 瑞昇文化, 2020.04
144面 ; 17 X 23公分
ISBN 978-986-401-414-9(平裝)

1.肉類食譜

427.2　　109004064